Leonhard Euler

*Ein Mann, mit dem man
rechnen kann*

Text von
Andreas K. Heyne
und Alice K. Heyne

Zeichnungen von
Elena S. Pini

Birkhäuser

Leonhard Euler – was man unbedingt wissen sollte:

– Leonhard Euler lebte im 18. Jahrhundert. Sein Zeitalter war geprägt durch den Widerstreit zwischen absolutistischer Herrschaft und den Ideen der Aufklärung, die auf die menschliche Vernunft zur Überwindung von überholten Vorstellungen setzte. In der Kunst erlebte er das Zeitalter des Spätbarock oder Rokoko. Bach und Lessing, dann Mozart und Schiller waren seine Zeitgenossen.

– Euler hat auf sämtlichen Gebieten der Mathematik (und auf vielen anderen) Ausserordentliches geleistet. Die Bedeutung seiner Arbeiten ist mit jener Newtons oder Einsteins vergleichbar. Die Formeln und Berechnungen Eulers gehören bis heute zum Rüstzeug der Konstrukteure, Architekten, Statiker und Schiffsbauer in aller Welt.

– Euler war keineswegs ein verkanntes Genie. Seine zahlreichen Publikationen gehörten zu den wissenschaftlichen Bestsellern seiner Zeit. Er verkehrte bei Hofe in Berlin und St. Petersburg mit den grössten Geistern seiner Zeit. In seine Schweizer Heimat kehrte er allerdings nie zurück, nachdem er sie im Alter von zwanzig Jahren verlassen hatte.

Bibliografische Information der Deutschen Bibliothek
Die Deutsche Bibliothek verzeichnet diese Publikation in der Deutschen Nationalbibliografie; detaillierte bibliografische Daten sind im Internet über http://dnb.ddb.de abrufbar.

Zeichnungen: Elena S. Pini
Text: Andreas K. Heyne und Alice K. Heyne

© Euler-Kommission, Basel

CONFECTIO HUIUS LIBELLI MUNIFICENTIAE AEDIS BIRKHAUSER DEBETUR

ISBN 3-7643-7779-8 Birkhäuser Verlag, Basel – Boston – Berlin
© 2007 Birkhäuser Verlag, P.O.Box 133, CH-4010 Basel, Switzerland
Part of Springer Science+Business Media

Gedruckt auf säurefreiem Papier, hergestellt aus chlorfrei gebleichtem Zellstoff. TCF ∞

ISBN-10: 3-7643-7779-8
ISBN-13: 978-3-7643-7779-3

9 8 7 6 5 4 3 2

Riehen bei Basel im Jahre 1709: Nichts kann die Idylle...

...der Pfarrfamilie Euler stören...

Ich weiss nicht, Paul..

...ich mach mir Sorgen um Leo.

Aber warum denn? Der spielt doch ganz lieb. Kinder brauchen das!

Na, wenn du meinst.

2

Im Laufe der Jahre ...

Du Papa,

warum fällt der Kreisel nicht um?

Wie schnell muss ich drehn, dass er überhaupt nie mehr umfällt?

...werden die Fragen nicht weniger,...

Du Papa,

warum gehen die Boote nicht unter,

Von welcher Seite muss ich blasen,...

wenn sie umkippen?

... dass es schneller geht?

4

So, jetzt ist Schluss! Dem werd'ich die Fragerei...

...schon noch austreiben!

Ch. Rud
Algebra
die Cof

Da hast du was zum Spielen.*

Diese Ruhe! Himmlisch!

Das ist doch viel zu schwer für ihn! Du bist wirklich ein Unmensch, Paul!

Doch zu früh gefreut...

Du, Papa, ist $\sqrt{12}$ dividiert durch $3-\sqrt{6}$ wirklich gleich $\sqrt{12}+\sqrt{8}$? Und gehört...

...ein bimediales Residuum in die zehnte oder in die elfte Ordnung der surdischen Zahlen bei Euklid?

* Algebra-Lehrbuch von 1553   Die Coß

Bruckner-Faber

Guten Tag, ich bin der Leo.

Hallo Oma! Sieht aus, als hättest du mich jetzt am Hals.

Ein Zimmer ganz für mich allein!

Und ein eigener Tisch!

Gymnasium "auf Burg"

Der Unterricht ist nicht nach...

und die consecutio temporum...

...jedermanns Geschmack

... und wenn die Kügelchen ganz...

...rund und schwer sind, dann fliegen sie am besten.

Die Flugbahn kannst du leicht berechnen, wenn du...

Euler, das ist jetzt die letzte Verwarnung!

...und bietet nicht viel Abwechslung.

EULER

8

Aber manchmal weckt auch der langweiligste Unterricht etwas in einem:

Kannst du uns vielleicht den Brückenbau nochmals zusammenfassen?

... und wenn der Caesar die Brücke mit einer Wölbung und mit weniger Querstreben gebaut hätte,

hätte er ungefähr 500 Bäume weniger fällen müssen und hätte den Rest von Gallien auch noch erobern können.

Die Gymnasialzeit endet mit...

Endlich ist der langweilige Unterricht vorbei!

Aber...

...einem Freudenfeuer.

... zu früh gefreut, ...

Meine Herren, Mark Aurel...

...die Langeweile geht weiter...

Diese ewigen Römer gehen mir auf den Keks.

Und wie!

... und weiter ...

Aber wie gesagt, irgendwann im Leben...

Wenn beim iso-perimetrischen Problem ddy=0 genommen wird, so hat man

$$y = \int \frac{(x \pm c)\,dx}{\sqrt{a^2 + (x \pm c)^2}}$$

und damit ist die Tautochrone bestimmt.

Notizen zu Bernoulli Variations-rechnung

...packt einen etwas...

Psst!

Sorry, aber ich kann...

... das echt nicht mehr hören. Ich hab' das schon den ganzen Tag daheim.

Warum, wie heisst du denn?

Johann, Johann Bernoulli,* und das da vorne ist mein Vater, echt der Hammer-stress, sag'ich dir!

*Die Bernoulli waren eine berühmte Basler Mathematikerfamilie.

10

und lässt einen nicht mehr los.

Mathematica est omnis divisa in partes duas...

Heute: Leonh.Euler zum Thema Arithmetik u.Geometrie

Perfekt, das wird meine Magisterarbeit: Über die Wirbel von Descartes und die Gravitation von Newton.

Kraftwirkung auf Distanz. Wäre das nicht Magie?...

...also werden die Planeten von Aetherwirbeln mitgerissen.

Uff — alles gut gegangen!

Nach bestandenem Examen...

Johann, ich hab's geschafft!

Das muss gefeiert werden. Komm, wir gehen zu mir nach Hause.

Toll, alles Bücher über Mathematik!

Komm, ich zeig dir meine neuen Zinnsoldaten!

Gleich

* "Als ich ein Kind war, redete ich wie ein Kind..." (1.Kor.13,11)

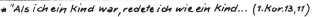

SCHEISS TAG!

REGENZ BESCHLUSS

Anerkennungspreis Paris 1727

Die von dem Wettbewerb in Paris haben mir nur den Trostpreis zuerkannt. Die haben wohl gedacht, einer aus der Schweiz versteht nichts von Schiffen...

...und die Professur für Physik habe ich auch nicht bekommen...

Dafür haben Niklaus und Daniel eine Stelle beim Zaren bekommen in St. Petersburg in der neuen Akademie!

Wie ich sie beneide! Das soll ja ein Paradies für Gelehrte sein.

Na hör mal, die beiden können dir sicher einen Job...

...dort besorgen, und Papa kann ja auch ein gutes Wort für dich einlegen – wofür sind Väter denn sonst da?

Tatsächlich in St. Petersburg...

Jetzt hat mein Gemahl, der Zar, die Akademie gegründet, aber wir haben immer noch zu wenig Professoren. Kennen die Herren Bernoulli nicht noch ein paar intelligente Leute?

Klar, den Euler, der hat sich doch immer mit Papa gestritten. Das war doch der Einzige, der den Papa verstanden hat.

Mit Turbinen ginge das doch viel schneller — muss das mal ausrechnen...

Endlich...

Hallo, Christian!

ST. PETERSBURG HAFENMEISTEREI

IVAN FOR KING

Gut, dass du mich abholst, allerhand los bei euch!

Wir haben gerade einpaar Probleme hier. Die Zarin ist gestorben, und hier ist das totale Chaos ausgebrochen. Na, für's erste kannst du bei Daniel wohnen.

Vielleicht sollte ich wieder heimfahren.

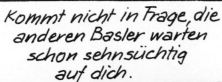

Kommt nicht in Frage, die anderen Basler warten schon sehnsüchtig auf dich.

Du meinst, meine mathematischen Kenntnisse werden hier dringend benötigt?

...schon auch. Aber vor allem...

...brauchen wir noch einen vierten Mann zum Jassen!

Da kommst du ja endlich, Euler. Wir haben Goldbach mühsam das...

...Jassen beigebracht, seit Niklaus tot ist. Wie geht es Papa? Immer noch so despotisch?

Das da ist der Jakob

Jakob Hermann. Ych kumm au us Baasel.

Ich habe keine Zeit zum Jassen, meine medizinischen Kenntnisse sind immer noch sehr mangelhaft!

...ein paar Monate später...

KADETTEN-ANSTALT

Johann ist nach St. Petersburg gekommen, weil er denkt, dass ich ohne ihn nicht in die Schweiz...

Mmm! Schweizer Schokolade!

...zurückfinde! Kommst du auch zum Treffen der Auslandschweizer heute Abend, Euler? Die schmeissen eine tolle Abschiedsparty für mich.

Na klar, warum nicht?

Wissen Sie, wenn die Mathematik reine Natur ist, dann sollte sie doch in allem liegen, in der Musik zum Beispiel oder in Farben, mein Vater ist Maler, müssen Sie wissen...

Faszinierender Gedanke, Fräulein Gsell, hätten Sie Lust, das gelegentlich weiter zu diskutieren?

Sie halte...

Januar 1734

Ein Hoch auf unser Brautpaar Leonhard und Katharina! Gute Gesundheit!

Trotz gelegentlicher
Rückschläge...

...wie einer schweren
Krankheit, die ihn
sein rechtes Auge
kostet, beginnt für
Euler nun...

...eine fruchtbare
Schattensperiode.

Sire, Ihr seid die allerhöchste Majesté. — Pourquoi choisir?

Superbe, Voltaire! Ich brauche eine Liste aller Gelehrten. Ich möchte die Besten für meine Akademie, lade alle ein und biete ein höheres Gehalt als sie bisher haben!

Wie Monseigneur wünschen. Und Schlesien?

Denen schicken wir auch eine Einladung, aber ohne Gehaltserhöhung, haha!

Nach Berlin? Ich weiss nicht.

Natürlich gehen wir dahin! Hier weiss man ja nicht, was aus der Regierung wird, und die Brände überall, ausserdem ist das Gehalt in Berlin viel besser!

Ich weiss nicht. Mir ist das viel zu unsicher...

Die Sache wird wie in jeder guten Ehe entschieden...

Doch die Begrüssung entspricht nicht den Erwartungen...

Berliner Akademie der Wissenschatten

Vermutliches Bauende: Irgendwann in den nächsten 10 Jahren...

(vielleicht)

Der Keenig.? Nee, der is in Schleesien. Nee, ick weess ooch nich, wann der wiedakommt...

...wenn iberhopt.

Derweil an der schlesischen Grenze...

Und ich will die Bäder in Glatz, ich...

...brauche die dringend, mein Arzt hat mir eine Kur verordnet.

Nein, für die Akademie habe ich jetzt keine Zeit, zuerst wird gekämpft, richt' Er dem Euler aus, er solle was finden, womit er sich beschättigen kann...

Damit hat Euler kein Problem...

Extra-blatt!

Extrablatt!

Krieg aus! Schlesien gehört uns! Extrablatt!!

DER KLEINE FERMAT

Na, jetzt kann er ja endlich mit deiner Akademie beginnen. Wenn ihm nur nicht wieder was dazwischen kommt...

Extrablatt!!!!

miscellanea Berolinensia

zu korrigieren

Druckfahnen IV

Zur gleichen Zeit bei Kaiserin Maria Theresia in Wien...

Jetzt hamma Schlesien an die verdammten Preissen verloarn, dann schnapp ma uns halt Bayern, woas Franzl?

Wie du meinst Schatzerl, ganz wie du meinst.

Sie meint...

Ich habe keine Zeit für die Akademie, solange dieses österreichische Weibsbild sich mit...

L. Euler

...all meinen Feinden alliiert, sag Er dem Euler, er soll sich halt solange beschäftigen...

Kurz vor der Schlacht bei Hohenfriedberg, 4. Juni 1745...

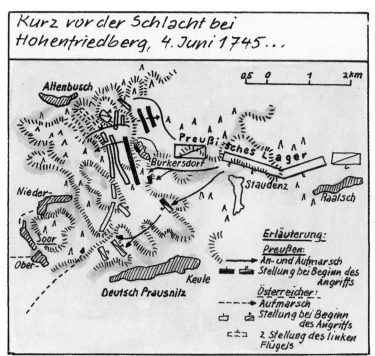

Vielleicht sollten wir bei Nacht angreifen?

Herrgott nochmal! schon wieder...

...der Euler!
Er soll sich endlich einmal mit etwas Wichtigerem befassen...

...mit — — der Artillerie zum Beispiel!

Der Wunsch eines...

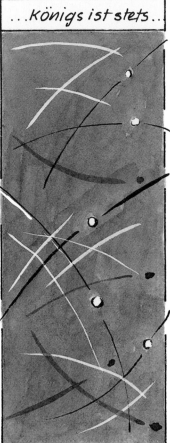

...Königs ist stets...

...ein Befehl.

höher!

stärker!

BESSER ZIELEN!

noch weiter!

* Das Rösselsprungproblem ist ein mathematisches Problem, das Euler faszinierte.

...signiertes Exemplaire meiner Expedition zum Pol möschte, 'abe isch 'ier ein paar Exemplaires zum Vorzugspreis...

Seit er die Abflachung...

Bestseller:
1. L.Euler: Analysis
2. L.Euler: Variationsrechng.
3. L.Euler: Mechanik
4. L.Euler: Integralrechng.
5. L.Euler: Planeten und Kometen
6. L.Euler: Ballistik
7. Newton: Mechanik
8. P.de Maupertuis: Der Pol
9. ......

...der Pole bewiesen hat...

...ist sein Hirn auch etwas flach geworden.

Auch bei Hof wird wieder friedlicheren Tätigkeiten nachgegangen...

Ich hätte da eine Idee für eine Melodie, könnt' Er daraus nicht etwas Ordentliches komponieren, Bach?

Für Eure Majestät ist...

...mir kein musikalisches Opfer zu gross.

Der Bernoulli ist gestorben. Jetzt bieten sie dir seinen Lehrstuhl in Basel an. Aber bei dem Gehalt, das sie dir bieten, kommt das gar nicht in Frage! Und lass' endlich meine Weingläser in Ruh'!

Der Akademiebetrieb läuft inzwischen...

...mit einer gewissen Routine...

...und isch bin immer noch sischer, dass dieser Brief von Leibniz ist eine Fälschung.   ...Und...

30

...wenn jemand noch ein signiertes Exemplaire meiner Expedition zum Pol möschte, 'abe isch 'ier ein paar Exemplaires zum Vorzugspreis.

...nur die Anerkennung mancher wissenschaftlicher Arbeiten lässt gelegentlich zu wünschen übrig...

...meine Mondtheorie, Majestät...

Kann Er nicht einmal etwas Nützliches schreiben, Euler, zum Beispiel über Turbinen und Wasserkraft? Der Oder-Havel-Kanal müsste nivelliert und das Oderbruch trockengelegt werden, ausserdem habe ich jede Menge Dämme zu bauen und...

Wie Euer Majestät befehlen...

...hier habe ich ein Problem, das Seiner wirklich würdig ist, Euler. Für meine nächste Party müsste jemand die Wasserspiele hier im Park installieren.

Wasserspiele für eine Party!

Aktion: 3 für 2

Und das mir!

coming soon: L. Euler Differentialrechnung

Theorie der Mond-bewegung L. Euler

Neu Theor der Mond-bewegung L. Euler

Das Sachbuch des Jahres

Theorie der Mon...

Theorie der Mond-bewegung L. Euler

Tagblatt

Eulers Mondtheorie

Wird dadurch das Längengrad-Problem gelöst?

Bekommt ein Berliner Professor den englischen Längengradpreis?

Das gerade erstandene Haus in Charlottenburg ist bezugsbereit...

Vorsicht, meine Hortensien!

Wenigstens haben wir jetzt ein grosses Haus, für diesen Kin-dersegen war das alte ein-fach **zu klein**.

Diese Sorgen haben andere nicht...

Jetzt iss der Friedrich einfach in Sachsen eingfalln, nur weil ma uns mit de Franzosn und de Russn verbündet ham...

mmhm

Wiener Bote

Der Kindischste im Haus bist du!

Auch ein Preusse...

Kunersdorf 2 Meilen

...erleidet einmal eine Niederlage.

Man sage diesem Euler, er soll mich mit seinen Kreiseln in Frieden lassen, ich habe jetzt andere Sorgen. Er soll sich lieber um die Windmühlen und die Wasserschöpf- maschinen küm- mern...

Doch erst sind dringendere Probleme zu lösen: Plünde- rungen russischer Truppen sind an der Tagesordnung.

Friedrich uns graut vor Dir!

4 Jahre Krieg— Wie lange noch?

...ach ja: und küm- mere Er sich doch endlich auch um die Gewächshäuser im Botanischen Garten! Gezeichnet: Friedrich

ПОСТОЙ, ПОСТОЙ! Я же собственно русский! *

* Halt, halt! Ich bin doch praktisch ein Russe!

Прекратите! Я его знаю!*

Professor Euler! Sie haben mir in der Militärakademie doch die Algebra beigebracht! Das hat zwar nicht viel genützt, aber ich bin Ihnen ewig dankbar, dass Sie mich nicht durch die Prüfung haben fallen lassen...

Отнесите барахло немедля назад! Этот человек — табу!**

Doch allmählich kehren wieder ruhigere Zeiten ein...

Gestatten Sie: Heinrich Markgraf von Brandenburg—Schwedt. Sind Sie nicht...

...der berühmte Euler? Ich habe Ihre Musiktheorie gelesen, einfach fantastisch...

Vielen Dank.

Bei Ihrem pädagogischen Talent schaffen Sie es ja vielleicht, meiner lernfaulen Tochter was beizubringen! Muss ja nicht unbedingt Mathematik sein. Das ist nichts für Mädchen. Ganz Allgemeines, verstehen Sie?

Vielleicht schreiben Sie ihr mal?

* Hört auf! Den kenne ich! ** Bring das Zeug sofort zurück! Der Mann ist tabu!

*Publiziert als "Lettres à une princesse d'Allemagne".

Jetzt hamma Glatz wieder, da fahrn ma mal zur Kur, gell, Franzl?

Ganz wie du meinst, Schatzerl!...

In Preussen ist man nach der Schlacht bei Landshut längst nicht so guter Stimmung...

Ich weiss, dass Er de facto die Akademie leitet, seit Maupertuis weg ist, doch werde ich Ihm den Direktorenposten nicht geben...

Wozu auch die Mehrbesoldung? Man hat mir hinterbracht, dass Er in der staatlichen Lotterie ganz gut verdient!

Gezeichnet:

Friedrich

Endlich Frieden...

Peter sei Dank!

Extrablatt! Zarin Elisabeth tot! Neuer russischer Zar macht überraschendes Friedensangebot!

...allerdings nicht überall...

Das ist eine Frechheit!..

...Jetzt wo Frieden ist, könnte er dir den Posten wirklich geben! Hat er was...

...über Charlotte gesagt?

P.S. Was die Bitte einer Verheiratung Seiner Tochter mit meinem Fahnenjunker...

...angeht, muss ich das strikte ablehnen, da ein Fahnenjunker bei mir viel zu wenig verdient, um heiraten zu können...

Gleichzeitig in Russland...

Stanilein...

Jetzt, wo ich diesen schrecklichen Gatten endlich los bin, wirst du auch polnischer König, wie ich dir versprochen hatte, Stani. Dafür machst du mir eine Liste von...

...allen Gelehrten Europas, die man für die Akademie anwerben könnte, ja? Und jetzt komm endlich ins Bett...

Ich habe dir das bisher nicht gesagt, aber die neue Zarin, Katharina II., hat mich eingeladen, nach Petersburg zurückzukommen.

Und das Gehalt, Leo?

Auf alle Fälle besser als hier!

...und die Arbeitsbedingungen auch.

Na, was überlegst du dann noch? Und jetzt komm endlich ins Bett...

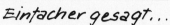

Einfacher gesagt...

Bitte hiermit um meine Entlassung...

... als getan:

Bitte hiermit erneut dringend um meine Entlassung...

...und wenn wieder ein Kündigungsschreiben von dem Euler kommt, werfe Er es in den Papierkorb!

Doch mächtige Freunde wirken manchmal Wunder...

"...und schreiben Sie Friedrich, wenn er mir den Euler nicht rauslässt, mach ich den Friedensvertrag meines Gatten ratzfatz wieder rückgängig!

...und so...

Ok! Er kann gehen! Friedrich
P.S. Sein Sohn Christoph natürlich nicht, der ist in meiner Armee engagiert — da kommt keiner so schnell raus! (ha ha ha)

Das Packen dauert seine Zeit, aber schliesslich...

Aber anderswo wird die „anmutige Literatur" durchaus geschätzt...

Der Empfang durch Katharina die Grosse ist ein Triumph...

...Eure Söhne hab'ich schon ge-regelt, und das Geld für ein Haus schiesse ich Euch vor. Hauptsache, mein lieber...

...Euler, Ihr rechnet wieder für UNS! Ich werde Euch so ver-wöhnen, ähem ich...

...meine mit Ehren überschütten, dass Ihr nie wieder den Wunsch haben...

...werdet, zu den Preussen überzulaufen.

Ihr könnt auf mich zählen, Euer Hoheit.

Auf ihn zählen schon, aber kön-nen wir mit ihm rechnen? ha ha ha

Und so kehrt wieder Ruhe ein in den Eulerschen Alltag, auch wenn der nicht immer leicht ist: Die längst fällige Augen-operation ist nicht länger aufzuschieben...

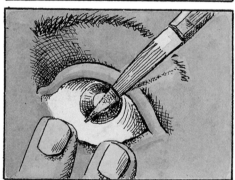

$$dr' = dt \, \frac{d^4 z}{dx^2 \, dy \, dt}$$

$$dr'' = dt \, \frac{d^4 z}{dx \, dy^2 \, dt}$$

dr-Strich-Strich gleich dt mal d-hoch-4-z durch dx dy-quadrat dt

Halt - nicht so schnell! War das durch dx-quadrat dy dt?

Du gewöhnst dich bes-ser an das Tempo. Ich glaube, die Opera-tion hat alles nur noch schlimmer gemacht. Ob ich noch etwas sehen werde?

... einmal wird es sogar wirklich brenzlig ...

Leonhard — so komm doch um Himmels Willen!

Meine Formeln, meine Tafeln!

Du russischer Hohlkopf, ich brauche doch meine Unterlagen.

Wenn Sie da nochmals reingehen, brauchen Sie nur noch einen Sarg!

Ich kann doch einen Landsmann nicht verbrennen lassen, oder? Ych kumm nämlig au us Basel!

Ansonsten lebt Euler glücklich in Petersburg bis ans Ende seiner Tage ...

Lieber Euler, ich ersetze Euch das Haus. Übrigens...

...Ihr solltet vielleicht zur Abwechslung mal was Praktisches schreiben...

...ich hab' da so ein Problem mit einer Brücke über die Newa...

Nicht schon wieder! Seit der Königsberg-Sache hängen mir Brücken zum Hals raus.

Aber natürlich löst Euler auch das Problem mit der Spannweite der Brücke und viele, viele, viele andere ...

Extrablatt! Erster Ballonflug geglückt!

...denn seine Neugier...

Sensation! Die Welt kann fliegen!

Ein Exemplar, bitte!

...lässt nie nach...

Tatsächlich! Die Brüder Montgolfier sind mit ihrem Heissluftballon geflogen! Unglaublich!

Wie gross...

* Eines der vielen mathematischen Probleme, die Euler löste, war das sog. "Königsberger Brückenproblem."

Übrigens: Auf diese Autoren ist doch wirklich kein Verlass. Die haben zwar den Lebensweg von Leonhard Euler ziemlich genau beschrieben und ganz schön gezeichnet – aber bei einigen Details haben sie es mit den Jahrzehnten und Jahrhunderten offenbar nicht so ganz genau genommen. Leider haben wir erst nach dem Druck festgestellt, dass sich in Text und Bild einige Anachronismen eingeschlichen haben – also Dinge, die es zur Lebenszeit von Leonhard Euler noch gar nicht gab oder die man zumindest in Europa noch nicht kannte. Vielleicht bereitet es Ihnen ja Vergnügen, den einen oder anderen Fehler aufzuspüren. Euler hätte sicher seinen Spass daran gehabt.

Leonhard Euler (1707–1783)
Leben und Werk

Die Jugendzeit 1707–1727

Am 15. April 1707 wurde Leonhard Euler in Basel geboren – sein Geburtshaus ist unbekannt.

1708 wurde sein Vater Pfarrer von Riehen, und die Familie zog in das dortige Pfarrhaus. Um 1713 kam er in die Lateinschule nach Basel, wo er unter der Woche bei seiner Grossmutter wohnen konnte.

1720, im damals üblichen Alter von 13 Jahren, schrieb sich Euler an der philosophischen Fakultät der Universität ein und schloss das Grundstudium 1723 mit der Magisterwürde ab. 1724 – also mit 17 Jahren – hielt er seine erste öffentliche Rede über einen Vergleich der Philosophien von Descartes und Newton. Auf Wunsch des Vaters schrieb sich Euler im Oktober 1723 in der theologischen Fakultät ein.

Man sah Euler aber häufiger in den Vorlesungen von Johann Bernoulli über Geometrie, Arithmetik und Astronomie. Dessen jüngster Sohn Johann II war zusammen mit Euler zum Magister ernannt worden, und so durfte Euler Bernoulli persönlich kennen lernen, der ihm gute mathematische Werke empfahl und seine Fragen beantwortete. Euler lernte auch die beiden älteren Brüder von Johann II, Nikolaus und Daniel, kennen. Er gab schliesslich das Theologiestudium auf und konnte sich nun ganz der Mathematik widmen.

Mit 18 Jahren schrieb Euler seine erste Abhandlung über ein Problem, das Bernoulli den besten Mathematikern seiner Zeit gestellt hatte. Mit einer Abhandlung über den Schall bewarb er sich 1726 erfolglos um die Physikprofessur in Basel.

St. Petersburg 1727–1741

1725 waren Daniel und Nikolaus Bernoulli gut bezahlte Professoren in St. Petersburg geworden. Sie besorgten (zusammen mit dem vielseitig interessierten Akademiesekretär Christian Goldbach) Euler eine Adjunktenstelle in der Physiologie an der Petersburger Akademie, die sich zu einem Zentrum der damaligen Geisteswelt entwickelte. Am 5. April 1727 verliess Euler Basel und kehrte nie wieder zurück. Wenige Tage vor seiner Ankunft war Zarin Katharina I. verstorben. Euler begann seine Arbeit inmitten politischer Unruhen um die Thronfolge. Viele Gelehrte verliessen in der Folge die Akademie. 1730 starb Zar Peter II. erst 15-jährig. Zarin wurde nun seine Cousine Anna Iwanowna, die rasch für Ordnung sorgte. 1731 wurde Euler Professor für Physik und damit Akademiemitglied, 1733 Professor für Mathematik. Das Professorengehalt ermöglichte ihm 1734 die Heirat mit Katharina Gsell, einer Tochter des seit 1717 in St. Petersburg lebenden Schweizer Malers Georg Gsell. Aus der glücklichen Ehe gingen insgesamt 13 Kinder hervor, von denen lediglich drei Söhne und zwei Töchter das Erwachsenenalter erreichten.

Bis zu seiner Hochzeit hatte Euler bei Daniel Bernoulli gewohnt. Dann kaufte er auf der Wassiljewski-Insel ein Holzhaus. Dort kam sein erster Sohn Johann Albrecht zur Welt. Euler übernahm immer mehr Aufgaben in der Akademie. So erhielt er 1735 die Aufsicht über das Geographische Departement, wurde Mitarbeiter in der Kommission für Mass und Gewicht, nahm Prüfungen am Gymnasium und am Kadettenkorps ab und hielt dort auch Vorlesungen. Daneben war er auch als Forscher ungeheuer produktiv: Im Akademieband für das Jahr 1736 sind von den 13 Beiträgen 11 von Euler (und 2 von Daniel Bernoulli).

Wichtigste Arbeiten der 1. St. Petersburger Periode*:

1729	Unendliche Reihen
1730	Zwei bedeutende Arbeiten über geodätische Linien
1731	Versuch einer neuen Musiktheorie
1734	Untersuchungen über die Eulersche Konstante γ
1735	Berechnung der Summe der reziproken Quadratzahlen; Abhandlung über Berechnung von Planetenbahnen

1735	Lösung des «Königsberger Brückenproblems»
1736	Lehrbuch der Mechanik (2 Bände)
1737	Kettenbrüche
1738	Erfolgreiche Beantwortung der Preisfrage der Pariser Akademie über Gezeitentheorie
1738/40	Rechenbuch (2 Bände)

1740 starb Anna Iwanowna, und die Arbeitsbedingungen für die ausländischen Akademiker verschlechterten sich dramatisch. Wegen der politischen Wirren und der ständigen Angst vor Bränden verliess Euler samt seiner Familie nach einer Zusage von Friedrich II. am 19. Juni 1741 St. Petersburg in Richtung Berlin.

Berlin 1741–1766

Als Euler in Berlin ankam, befand sich König Friedrich II. im Krieg in Schlesien. Euler befasste sich darum zunächst mit dem Aufbau der Sternwarte. Erst ab 1743 konnte sich Friedrich dem Aufbau der Akademie widmen, die 1746 ihre Räumlichkeiten im königlichen Schloss bezog. Euler wurde Direktor der mathematischen Klasse. Präsident wurde Pierre Louis Moreau de Maupertuis. 1742 kaufte Euler ein Haus in der Nähe des (damals erst geplanten) Akademiegebäudes. Auch einige russische Gelehrte wohnten zeitweise bei ihm. 1748 lehnte er das Angebot ab, Johann Bernoullis Nachfolger in Basel zu werden – das Gehalt war ihm zu gering.

Euler hatte kein herzliches Verhältnis zu Friedrich II., dem er zu wenig weltmännisch war. Der König konsultierte ihn aber bei vielen technischen Fragen. Ab 1753 und während des Siebenjährigen Krieges (1756–63) leitete Euler interimistisch die Akademie. Trotzdem wurde er nach Kriegsende nicht Präsident, sondern Friedrich bot das Amt Jean Baptiste Le Rond d'Alembert an. Dieser lehnte jedoch ab und schlug im Gegenteil Euler vor, worauf Friedrich aber nicht einging. 1766 reichte Euler sein Abschiedsgesuch ein.

Wichtigste Arbeiten der Berliner Zeit:

1742	Beweis des «kleinen» Satzes von Fermat
1744	Variationsrechnung; Lehrbuch der Theorie der Bewegung von Planeten und Kometen
1744–53	10 Arbeiten zum Prinzip der kleinsten Aktion von Maupertuis
1745	Neue Grundsätze der Artillerie
1746	Gedanken von den Elementen der Körper (damit greift Euler – gegen Leibniz – in den Monadenstreit ein und verärgert so Wolff und einige Akademiekollegen)
1747	Rettung der göttlichen Offenbarung gegen die Einwürfe der Freygeister; Vieldeutigkeit des Logarithmus
1748	Einführung in die Analysis (2 Bände); Differentialrechnung (2 Bände)
1749	Wissenschaft vom Schiffswesen (2 Bände)
1750	Betrachtungen über den Raum und die Zeit; Impulsänderungssatz
1751	Theorie der Mondbewegung (dafür erhielt Euler einen Teil des Preisgeldes des englischen Längengrad-Preisausschreibens, zusammen mit der Witwe des Astronomen Mayer und dem Uhrmacher Harrison)
1753	Arbeiten zum Turbinenbau und zur Hydrodynamik; erste Mondtheorie
1756	Weiterentwicklung der Variationsrechnung von Lagrange
1758	Polyedersatz; Rotationsbewegungen von Festkörpern um eine variable Achse (Eulersche Kreiselgleichungen)
1762	Achromatische Linsen
1765	Theorie der Bewegung von Festkörpern

---

* Die Jahreszahlen geben an, wann die Arbeiten geschrieben oder vorgestellt wurden. Oft besteht zwischen diesem Datum und dem eigentlichen Veröffentlichungsdatum eine Differenz von mehreren Jahren.

St. Petersburg 1766–1783

Am 1. Juni 1766 verliess der nun 59-jährige Euler mit seinem 18-köpfigen Haushalt (inklusive Dienstboten) Berlin. Katharina II., die seit 1762 herrschte, bereitete ihm einen triumphalen Empfang. Euler erwarb ein Haus am Newa-Kai, nahe der Akademie. Er bezog ein fürstliches Gehalt und seine Söhne bekamen gute Stellungen: Johann Albrecht wurde z. B. Professor für Experimentalphysik.

Nach kurzer Krankheit erblindete Euler fast ganz. Das tat seiner Schaffenskraft aber keinen Abbruch. Die Hälfte seiner Arbeiten entstand erst nach seiner Erblindung! Der Basler Nikolaus Fuss wurde sein Gehilfe.

Im Mai 1771 brach ein Feuer auf der Wassiljewski-Insel aus, dem etwa 500 Häuser zum Opfer fielen, darunter auch jenes der Eulers. Ein Basler Handwerker namens Grimm zog ihn gerade noch aus den Flammen.

Der Staroperateur Freiherr von Wenzel operierte Euler am Auge. Diese Operation brachte ihm vorübergehend das Augenlicht wieder, das er aber durch eine anschliessende Entzündung endgültig verlor.

1773 starb nach 40-jähriger Ehe Eulers Frau. 1776 heiratete er deren Halbschwester Salome Gsell. 1780 und 1781 starben seine beiden Töchter. Euler konnte aber zahlreiche Enkel um sich scharen.

In den letzten Jahren zog sich Euler von der Akademie altershalber und wegen Differenzen mit dem Akademiedirektor Domaschnew immer mehr zurück. 1774 traten er und sein Sohn aus der Kommission aus. Aber 1783 wurde die kluge Fürstin Daschkowa Direktorin der Akademie. Für ihre Antrittsrede liess sie Euler als Ehrengast holen. Vermutlich war dies seine letzte Sitzung. Am 17. September starb er nach einem Schlaganfall im Alter von 76 Jahren.

Wichtigste Arbeiten der 2. St. Petersburger Periode:

1768	Briefe an eine deutsche Prinzessin (3 Bände, verfasst schon 1760–62)
1768–70	Integralrechnung (3 Bände)
1769–71	Universelle Optik (3 Bände)
1770	Vollständige Anleitung zur Algebra (2 Bände)
1772	Zweite Mondtheorie
1773	Vollständige Theorie der Konstruktion und Steuerung von Schiffen
1775	Allgemeines Prinzip vom Drehimpuls
1777	Koeffizientenbestimmung für trigonometrische Reihen

Euler wurde auf dem lutherischen Smolenski-Friedhof auf der Wassiljewski-Insel bestattet, und in der Akademie wurde eine Marmorbüste von ihm aufgestellt. Eulers Nachfahren in Russland waren hochangesehene Bürger, meist Beamte oder Ingenieure. Die St. Petersburger Akademie war bis 1862 damit beschäftigt, seine Artikel zu publizieren. Statistisch gesehen muss Euler jede Woche eine bedeutende Entdeckung gemacht haben. Im St. Petersburger Akademie-Archiv sind noch tausende Seiten unveröffentlichter Manuskripte vorhanden, und auch die Euler-Kommission in Basel arbeitet noch immer an der Veröffentlichung seiner gesammelten Werke, die 75 Bände umfassen wird.

PS:

Im Informationspavillon des 2004 eröffneten «Viaduc de Millau», Europas höchster Autobahnbrücke, die in einer eleganten Kurve scheinbar schwerelos das Tal des Tarn zwischen Clermont-Ferrand und Montpellier überspannt, ist ein Hinweis auf Leonhard Euler angebracht. Mit gutem Grund: Die wesentlichen Berechnungen über die Windströmungen, die Schwingungen und die Stabilität beruhen auf den Formeln Eulers.

Die gekrönten Häupter rund um Leonhard Euler

Friedrich II. der Grosse (1712–1786)

Der König von Preussen lebte im ständigen inneren Zwiespalt zwischen musischer Begabung und geistiger und religiöser Toleranz einerseits und preussischem Drill und Machtanspruch anderseits. Während der Schlesischen Kriege 1740/42 und 1744/45 annektierte er Schlesien. 1756 begann er den Siebenjährigen Krieg (wieder ging es um Schlesien und gegen Maria Theresia von Österreich). Er gewann, und Preussen wurde zur europäischen Grossmacht. Die wissenschaftliche Akademie, die er in Berlin aufbaute, zählte zu den freiesten in Europa.

Maria Theresia (1717–1780)

Die Kaiserin von Österreich und Königin von Ungarn war die grosse Gegenspielerin Friedrichs II. und verlor im Verlaufe der Schlesischen Kriege Schlesien und Parma-Piacenza. Davon abgesehen war sie als Herrscherin eine noch heute verehrte Lichtgestalt: Sie schaffte die Folter und die Hexenprozesse ab, gründete die Volksschule für jedermann und verwaltete das habsburgische Vielvölkerreich hervorragend. Ihre Tochter Maria Antonia (Marie-Antoinette) heiratete Ludwig XVI. von Frankreich und wurde im Verlauf der Französischen Revolution geköpft.

Peter I. der Grosse (1672–1725)

Der bedeutendste russische Zar hatte ein Lebensziel: Russland zur westlichen Grossmacht zu machen. 1697/98 reiste er inkognito ins Ausland und studierte in Holland und England Schiffsbau. Er machte seine neugegründete Stadt St. Petersburg – strategisch hervorragend zwischen Ladogasee und Ostsee gelegen – zur Hauptstadt. Im Nordischen Krieg gegen Schweden errang er 1709 einen entscheidenden Sieg. Russland wurde fortan die überragende Macht an der Ostsee und ist es bis heute geblieben.

Katharina I. (1684–1727)

Das Bauernmädchen wurde die Mätresse des Fürsten Menschikow, bei dem sie 1703 Peter I. kennenlernte. Nach drei gemeinsamen Kindern heiratete er sie und ernannte sie 1724 zur Zarin und Mitregentin. Nach seinem Tod 1725 regierte sie das Reich und holte viele grosse Köpfe an die von Peter I. gegründete wissenschaftliche Akademie – auch Euler. Leider starb sie unerwartet, kurz bevor Euler in St. Petersburg eintraf.

Peter II. (1715–1730)

Folgte seiner Mutter Katharina I. 1727 als Kind auf den Thron. In Wahrheit regierte jedoch Fürst Menschikow, der ehemalige Geliebte seiner Mutter, das Reich. Als Peter an Pocken starb, übernahm seine Tante Anna Iwanowna die Herrschaft.

Anna Iwanowna (1693–1740)

Wurde vom Hochadel 1730 zur Kaiserin erhoben, stellte die Autokratie wieder her und beeinflusste die Architektur von St. Petersburg (z. B. durch ihr sternförmiges Strassensystem) nachhaltig. Da sie keinen Sohn hatte, ernannte sie ihren Grossneffen Iwan VI. zu ihrem Nachfolger.

Elisabeth (1709–1762)

Sie war die Tochter von Peter dem Grossen und Katharina I. und putschte sich 1741 gegen den Säugling Iwan VI. an die Macht, von der man sie wegen ihres Geschlechts hatte fernhalten wollen. Da sie keine Kinder hatte, bestimmte sie ihren Neffen, den späteren Peter III., zu ihrem Nachfolger. 1745 vermählte sie ihn mit der späteren Kaiserin Katharina II. der Grossen. 1755 gründete sie die Universität von Moskau und 1757 die Akademie der schönen Künste in St. Petersburg.

Katharina II. die Grosse (1729–1796)
Geboren als Sophie Friederike Auguste von Anhalt-Zerbst in Stettin, liess sie ihren Gatten Peter III. 1762 stürzen und sich zur Kaiserin ausrufen. Sie war hoch intelligent und gebildet. Die Zahl ihrer militärischen Eroberungen war ebenso gross wie jene ihrer Liebhaber. Katharina II. bot Euler einen wohldotierten Posten an der wissenschaftlichen Akademie an – sie wusste sehr wohl, dass sie es mit einem Genie zu tun hatte.

Stanislaus II. August Poniatowski (1732–1798)
1764 wurde der Landtagsabgeordnete und Sohn eines Politikers – nicht zuletzt durch Unterstützung seiner ehemaligen Geliebten Katharina II. – zum (letzten) König von Polen gewählt. 1795 musste er jedoch wieder abdanken und kehrte nach St. Petersburg zurück, wo er auch starb.

Weitere bedeutende Zeitgenossen von Leonhard Euler

Sir Isaac Newton (1643–1727)
Der Engländer gilt als Begründer der klassischen theoretischen Physik. Er formulierte u. a. drei Bewegungsgesetze der Mechanik, das Gravitationsgesetz und die Emissionstheorie des Lichts als Korpuskelmodell. Er entwickelte unabhängig von Leibniz die Differential- und Integralrechnung. 1703 wurde er Präsident der Royal Society.

Gottfried Wilhelm Leibniz (1646–1716)
Der Universalgelehrte erfand u. a. das Dualsystem (das binäre Rechnen mit 0 und 1, auf dem die gesamte Computertechnik beruht). Gleichzeitig mit, aber unabhängig von Newton, entwickelte er die Infinitesimalrechnung, führte den mathematischen Begriff der Funktion ein und konstruierte die erste Rechenmaschine.

Johann I Bernoulli (1667–1748)
Der bedeutende Basler Mathematiker beschäftigte sich u. a. mit Reihen und Differentialgleichungen. Besonders faszinierten ihn die Bestimmung und Untersuchung von Kurven, die sich aus mechanischen Fragestellungen ergeben, wie etwa die Brachistochrone (diejenige Bahn zwischen zwei Punkten, auf der eine Masse unter dem Einfluss der Gravitation am schnellsten reibungsfrei hinabgleitet).

Christian Wolff (1679–1754)
Der deutsche Jurist, Mathematiker und Philosoph systematisierte Teile der Philosophie von Leibniz und definierte einen grossen Teil der (noch heute gültigen) philosophischen Terminologie. Friedrich II. der Grosse holte ihn schliesslich nach Halle zurück, wo er Rektor der Universität wurde.

Vitus Jonassen Bering (1681–1741)
Der dänische Seefahrer und Asienforscher, seit 1703 Marineoffizier in russischen Diensten, erreichte 1728 das Ostkap Asiens und die nach ihm benannte Beringstrasse.

Johann Sebastian Bach (1685–1750)
Der bedeutendste Barockmusiker komponierte im Auftrag Friedrichs II. Variationen über ein Thema des Königs – das Musikalische Opfer (BWV 1079), das aus neun Kanons, drei Fugen und einer Triosonate besteht. Eine Begegnung mit Euler am Hofe ist sehr wahrscheinlich.

Christian Goldbach (1690–1764)
Der Jurist aus Königsberg wurde der erste Sekretär der neu eröffneten St. Petersburger Akademie und unterrichtete den späteren Zaren Peter II. Ab 1742 wirkte er als Chefbeamter am russischen Aussenministerium. Er ist heute besonders wegen seiner «Goldbach'schen Vermutung» bekannt, die er 1742 in einem seiner zahlreichen Briefe an Euler formulierte.

Voltaire, eigentlich François-Marie Arouet (1694–1778)
Der Ruhm des bedeutendsten Philosophen der Aufklärung war so gross, dass man das 18. Jahrhundert «das Jahrhundert des Voltaire» nannte. Von 1750–1753 lebte er bei Friedrich II. in Potsdam. Er geriet in Streit mit verschiedenen Gelehrten, darunter auch Euler, wegen eines angeblich gefälschten Briefes von Leibniz. Als Erwiderung schrieb er einen satirischen Essay über Maupertuis. Friedrich war darüber so wütend, dass Voltaire Berlin verlassen musste. Voltaire führte eine rege Korrespondenz mit fast allen bedeutenden Persönlichkeiten Europas. Ausserdem war er Mitarbeiter an der «Encyclopédie» Diderots und d'Alemberts.

Johann Joachim Quantz (1697–1773)
Der Flötenlehrer und Komponist am Hof Friedrichs II. komponierte gegen 300 Flötenkonzerte und 200 Kammermusikwerke, die Friedrich selbst spielte.

Pierre Louis Moreau de Maupertuis (1698–1759)
Als Mitglied der französischen Akademie der Wissenschaften bestätigte er 1736 im Auftrag des französischen Königs Louis XV. durch eine Gradmessung in Lappland Newtons These von der Abplattung der Erde an den Polen. 1746 wurde er auf Einladung Friedrichs II. Präsident der Berliner Akademie und entwickelte sein «Prinzip der kleinsten Wirkung» zur Berechnung der mechanischen Bewegung. Einige Wissenschafter wollten das Prinzip jedoch auf Leibniz zurückführen, was zu heftigen Streitereien in der Akademie führte. Maupertuis nahm daraufhin seinen Abschied und zog nach Basel, wo er als Gast seines Freundes Johann II Bernoulli starb.

Daniel Bernoulli (1700–1782)
Der Sohn von Johann Bernoulli studierte in Basel Medizin. Während eines Bildungsaufenthalts in Italien veröffentlichte er seine ersten Abhandlungen über die sogenannte Riccati-Gleichung, über die Chancen bei einem Kartenspiel und über das Ausströmen von Flüssigkeit aus einem Gefäss. 1725 wurde er zusammen mit seinem Bruder Nikolaus an die Akademie nach St. Petersburg berufen und verfasste dort sein Hauptwerk, die «Hydrodynamica». 1733 kehrte er nach Basel zurück und übernahm dort zunächst den Lehrstuhl für Anatomie und Botanik, 1750 schliesslich denjenigen für Physik.

Benjamin Franklin (1706–1790)
Der bedeutendste Protagonist der Aufklärung in Amerika veröffentlichte auch Arbeiten zur Theorie der Elektrizität – und erfand den Blitzableiter.

Carl von Linné (1707–1778)
Der Arzt und Naturwissenschaftler wurde 1739 Mitbegründer der Stockholmer Akademie der Wissenschaften. Er schuf die noch heute gültige Systematik von Pflanzen und Tieren.

Albrecht von Haller (1708 –1777)
Der Schweizer Mediziner, Dichter und Literaturkritiker arbeitete ab 1729 als Arzt in Bern, später wurde er Leiter der Bibliothek. Von 1736 bis 1753 wirkte er als Professor für Anatomie, Chirurgie und Botanik an der Universität Göttingen. Später kehrte er nach Bern zurück und wurde Rathausammann, Schulrat und Vorsteher des Waisenhauses, schliesslich sogar Direktor der Salzbergwerke von Roche in der Waadt. Insbesondere durch sein achtbändiges Standardwerk über die

menschliche Physiologie erlangte er Weltruhm. Daneben veröffentlichte er philosophische Werke und Gedichte und schrieb zahlreiche Literaturkritiken.

Michail Wassiljewitsch Lomonossow (1711–1765)
Der russische Dichter und Naturwissenschaftler gilt als Reformer der russischen Sprache. Ab 1745 lehrte er in St. Petersburg Chemie, war aber auch als Dichter sehr produktiv. Er wirkte an der Gründung der Moskauer Universtät mit und wurde 1760 Direktor der St. Petersburger Universität.

Jean-Jacques Rousseau (1712–1778)
Der bedeutende schweizerisch-französische Philosoph, Schriftsteller und Komponist gilt durch seine gesellschaftskritischen Schriften als wichtigster geistiger Wegbereiter der Französischen Revolution.

Alexis Claude Clairaut (1713–1765)
Der französische Mathematiker, Geometer und Physiker nahm 1736 an Maupertuis› Lappland-Exkursion teil; sein Bericht über die Bestimmung der Gestalt der Erde wurde zum Klassiker. Er verfasste bedeutende astronomische Werke und neuartige Lehrbücher der Algebra und der Geometrie.

Denis Diderot (1713–1784)
Der französische Schriftsteller und Philosoph war Herausgeber und wichtigster Autor der «Encyclopédie ou Dictionnaire raisonné des sciences, des arts et des métiers», an der über 160 Wissenschaftler mitwirkten. Viele seiner Werke wurden von Staat und Kirche verboten und erst nach der Französischen Revolution veröffentlicht.

Jean Le Rond d'Alembert (1717–1783)
Der uneheliche Sohn eines französischen Generals studierte Recht und Medizin, schliesslich Mathematik und Physik. Er verfasste zahlreiche Artikel für die «Encyclopédie», die er zusammen mit Diderot herausgab.

Adam Smith (1723–1790)
Der schottische Philosoph und Volkswirtschaftler begründete die klassische Nationalökonomie.

Immanuel Kant (1724–1804)
Der Begründer der modernen Philosophie und Autor der «Kritik der reinen Vernunft» war Professor für Logik und Metaphysik in Königsberg und veröffentlichte auch Werke über Mathematik, Physik und Kosmologie.

Giacomo Casanova (1725–1798)
Der italienische Lebemann bereiste als Diplomat ganz Europa und stand mit vielen bedeutenden Persönlichkeiten wie Voltaire oder Friedrich II. in Kontakt. Neben seinen galanten Abenteuern fand er noch Zeit, seine Memoiren sowie historische, mathematische und satirische Schriften zu veröffentlichen.

James Cook (1728–1779)
Der grösste aller Entdeckungsreisenden unternahm drei Weltumsegelungen und erforschte Australien, Neuseeland, die Südsee und Alaska. 1770 nahm Cook Australien für die englische Krone in Besitz.

Gotthold Ephraim Lessing (1729–1781)
Der grosse Dichter der Aufklärung wurde 1767 Dramaturg am neu gegründeten Deutschen Nationaltheater in Hamburg. Sein Theaterstück «Nathan der Weise» gilt als das Hohelied religiöser Toleranz.

George Washington (1732–1799)
Der ehemalige Tabakpflanzer kämpfte als Offizier in Virginia und gewann den Nordamerikanischen Unabhängigkeitskrieg gegen England. Er war von 1789–1797 der 1. Präsident der USA.

Joseph-Louis Lagrange (1736–1813)
Der italienisch-französische Astronom und Mathematiker veröffentlichte Arbeiten über Differentialgleichungen und Variationsrechnung. 1766 wurde er Direktor der Akademie in Berlin und löste damit Euler ab (der dieses Amt jedoch nie offiziell bekleidete). Unter Napoleon wurde Lagrange zum Grafen und Senator von Frankreich ernannt.

James Watt (1736–1819)
Der schottische Erfinder entwickelte 1765 die erste brauchbare Dampfmaschine, die später als Antriebskraft in Textilbetrieben verwendet wurde. Damit begann das Zeitalter der industriellen Revolution in England. Nach Watt wird die elektrische Leistung (Volt x Ampère) bezeichnet.

Friedrich Wilhelm Herschel (1738–1822)
Der deutsch-englische Astronom und Konstrukteur von Spiegel-Teleskopen entdeckte 1781 den Uranus.

Georg Christoph Lichtenberg (1742–1799)
Der erste deutsche Professor für Experimentalphysik wurde vor allem durch seine Aphorismen als Schriftsteller bekannt.

Antoine Laurent de Lavoisier (1743–1794)
Durch seine Elementaranalysen wurde er zum Begründer der modernen Chemie. Im Verlaufe der Französischen Revolution wurde Lavoisier als Erpresser angeklagt und 1794 guillotiniert.

Johann Wolfgang von Goethe (1749–1832)
Der wohl grösste Dichter deutscher Sprache war auch ein begeisterter Naturforscher und Anatom, was seine wissenschaftlichen Werke – wie beispielsweise die Farbenlehre – beweisen.

Wolfgang Amadeus Mozart (1756–1791)
Der Komponist aus Salzburg schuf in seinem kurzen Leben Werke von unvergänglicher Schönheit in nahezu allen musikalischen Stilen und Gattungen.

Friedrich von Schiller (1759–1805)
Der neben Goethe bedeutendste deutsche Dichter und Dramatiker war auch ein hervorragender Historiker und schrieb u. a. bedeutende Werke zum 30-jährigen Krieg.